4-5歲

幼兒全方位
智能開發

常識篇 動物世界

園丁文化

動物的名稱（一）

● 小朋友，你認識這些農場動物嗎？請用線把動物和正確的中英文名稱連起來。

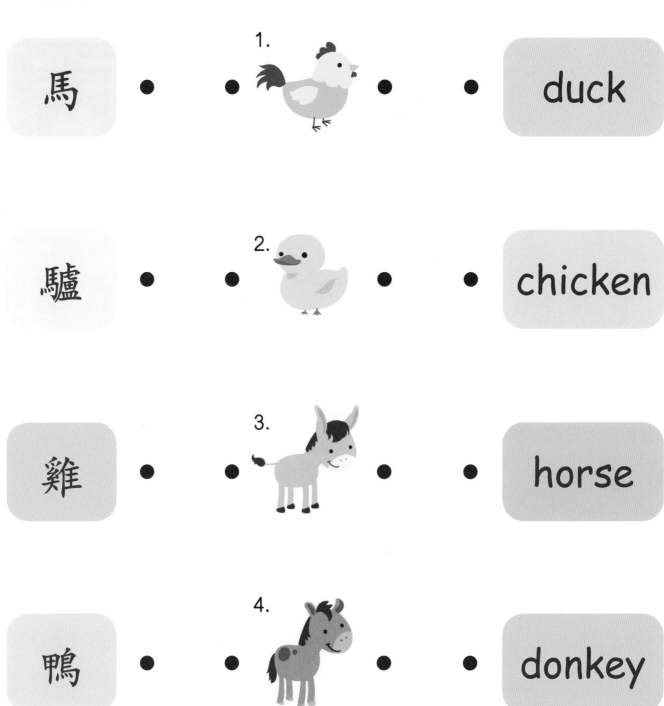

1. ● ● ● ● duck

馬 ●

2. ● ● ● ● chicken

驢 ●

3. ● ● ● ● horse

雞 ●

4. ● ● ● ● donkey

鴨 ●

答案：1. 雞，chicken 2. 鴨，duck 3. 驢，donkey 4. 馬，horse

動物的名稱（二）

● 小朋友，你認識這些野生動物嗎？請用線把動物和正確的中英文名稱連起來。

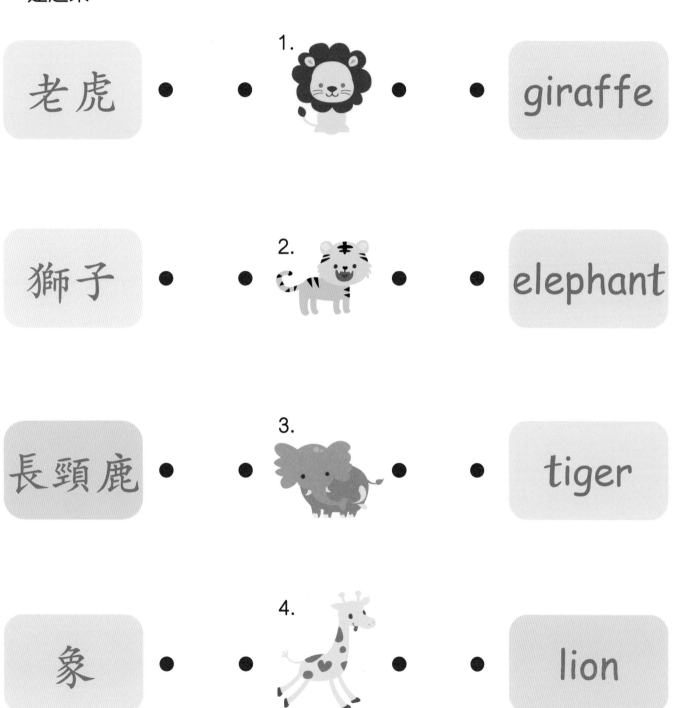

老虎　●　1. ●　●　giraffe

獅子　●　2. ●　●　elephant

長頸鹿　●　3. ●　●　tiger

象　●　4. ●　●　lion

答案：1. 獅子，lion 2. 老虎，tiger 3. 象，elephant 4. 長頸鹿，giraffe

3

動物的名稱（三）

● 小朋友，你認識這些海洋動物嗎？請用線把動物和正確的中英文名稱連起來。

八爪魚 •

1.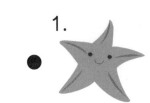

• seahorse

螃蟹 •

2.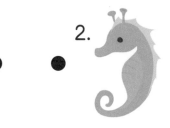

• octopus

海星 •

3.

• starfish

海馬 •

4.

• crab

答案：1. 海星，starfish 2. 海馬，seahorse 3. 螃蟹，crab 4. 八爪魚，octopus

動物的名稱（四）

● 小朋友，你認識這些昆蟲嗎？請用線把昆蟲和正確的中英文名稱連起來。

1.

螞蟻 ● ● ● ● butterfly

2.

蜻蜓 ● ● ● ● ant

3.

蜜蜂 ● ● ● ● dragonfly

4.

蝴蝶 ● ● ● ● bee

答案：1. 蜜蜂，bee 2. 蝴蝶，butterfly 3. 螞蟻，ant 4. 蜻蜓，dragonfly

5

動物的用途（一）

● 不同的動物能為我們生產不同的食物。請用線把動物和牠們生產的食物連起來。

6

動物的用途（二）

不同的動物對人類有不同的貢獻。請用線把動物和牠們的貢獻連起來。

會游泳的動物

下面哪些動物會游泳？請在正確的 ◯ 內加 ✔。

A.  貓頭鷹

◯

B.  鵝

◯

C.  狗

◯

D.  蝴蝶

◯

E.  青蛙

◯

F.  魚

◯

會飛行的動物

下面哪些動物會飛行？請在正確的 ◯ 內加 ✔。

A.  企鵝

B.  鷹

C.  蛇

◯

D.  蝙蝠

E.  蜘蛛

◯

F.  蚊子

答案：B、D、F

9

夜行動物

下面哪些動物通常會在晚上出來活動？請在正確的 ◯ 內加 ✔。

A.  飛蛾 ◯

B.  狗 ◯

C.  蝙蝠 ◯

D.  貓頭鷹 ◯

E.  樹熊 ◯

F.  蝴蝶 ◯

住在水裏的動物

下面哪些動物住在水裏？請在正確的 ◯ 內加 ✔。

A.
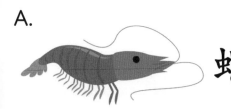
蝦

B.
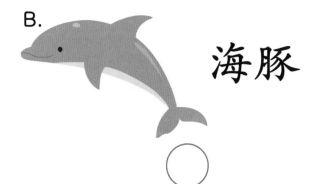
海豚

C.

鷹

D.

老虎

E.

水母

F.

海星

配對遊戲（一）

● 猜一猜，這是什麼動物？請用線把動物的頭和身體連起來。

1.  ●

A.

2.  ●

B.

3. 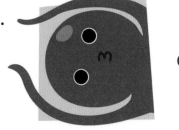 ●

C.

4.  ●

D.

配對遊戲（二）

● 猜一猜，這是什麼動物？請用線把動物的身體和頭連起來。

1. 　　　●　　　●　A.

2. 　　　●　　　●　B.

3. 　　　●　　　●　C.

4. 　　　●　　　●　D.

答案：1.D 2.A 3.B 4.C

13

哺乳類動物

● 下面哪些是哺乳類動物？請把正確的 填上顏色。

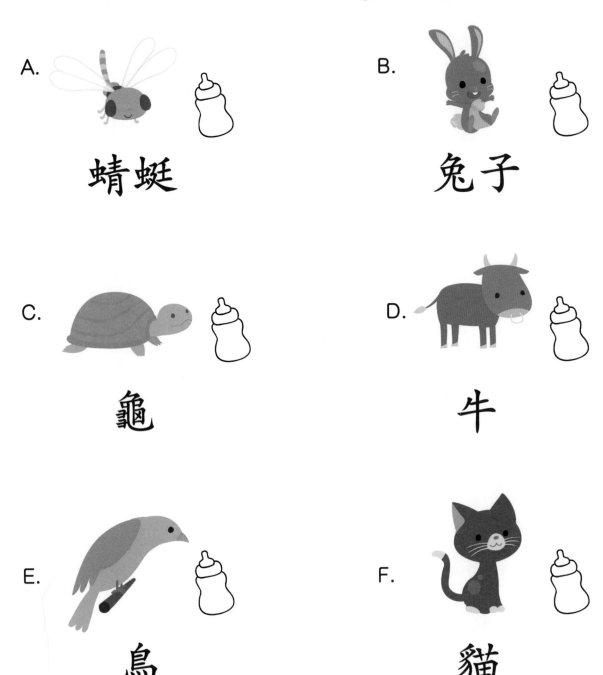

A. 蜻蜓

B. 兔子

C. 龜

D. 牛

E. 鳥

F. 貓

小知識 哺乳類動物的寶寶一般是喝媽媽的奶長大的。

答案：B、D、F

14

卵生動物

● 下面哪些是卵生動物？請把正確的 ⌒ 填上顏色。

A.

小豬

B.

小鳥

C.

蛇

D.

小雞

E.

小熊貓

F.

小企鵝

小知識 從蛋裏孵出來的動物就是「卵生動物」。

答案：B、C、D、F

草食性動物

● 下面哪些是草食性動物？請把牠們填上顏色。

A.

牛

B.

獅子

C.

羊

D.

馬

E.

狗

F.

兔子

小知識 草食性動物是指主要吃植物，而不吃肉類的動物。

答案：A、C、D、F

● 下面哪些是昆蟲？請把牠們填上顏色。

A.

蜜蜂

B.

草蜢

C.

蝸牛

D.

蝙蝠

E.

蜘蛛

F.

蟑螂

小知識

昆蟲的身體分為頭、胸、腹三部分。牠們有六隻腳、一對複眼和一對觸角。

找一找遊戲（一）

○ 樹林裏隱藏了提示框中的 6 種動物，你能找到牠們嗎？請把牠們圈起來。

提示

答案：

找一找遊戲（二）

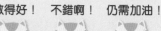

做得好！　不錯啊！　仍需加油！

● 下圖隱藏了 9 種動物，你能找到牠們嗎？請把牠們圈起來，並說出牠們的名稱。

● 小朋友，你還想到樹林裏有什麼動物嗎？試把牠們畫出來。

答案：甲蟲、長頸鹿、獅子、蝸牛、青蛙、鱷魚、蛇、兔子、魚。

19

動物的腳印

● 你認識這些農場動物嗎？請用線把動物和牠們的腳印連起來。

1.  ●　　　　　● A.

2.  ●　　　　　● B.

3.  ●　　　　　● C.

4.  ●　　　　　● D.

動物的食物

● 你知道這些動物喜歡吃什麼食物嗎？請用線把動物和牠們喜歡吃的食物連起來。

動物的家（一）

● 你知道這些動物住在哪裏嗎？請用線把動物和牠們的家連起來。

1.
 猴子 •

A.

2.
 蟲 •

B.

3.
 魚 •

C.

4.
 狗 •

D.

動物的家（二）

做得好！　不錯啊！　仍需加油！

● 你知道這些動物住在哪裏嗎？請用線把動物和牠們的家連起來。

1.

 蜘蛛 ●

A.

2.

 飛蛾 ●

B.

3.

 小鳥 ●

C.

4.

 蟑螂 ●

D.

動物的分類（一）

請根據提示，找出下面各組中不同種類的動物，並牠上面加 ✗ 。

1. 長有羽毛的動物

龜　　鵝　　小鳥

2. 長有硬殼的動物

螃蟹　　蝸牛　　青蛙

3. 長有鱗片的動物

蛇　　海豚　　金魚

小朋友，你還認識其他長有羽毛的動物嗎？試說一說。

答案：1. 龜　2. 青蛙　3. 海豚

動物的分類（二）

請根據提示，找出下面各組中不同種類的動物，並牠上面加 **✗**。

1. | 沒有腳的動物

蝸牛　　　　蛇　　　　蚊子

2. | 有兩隻腳的動物

兔子　　　　雞　　　　鴨

3. | 有四隻腳的動物

貓　　　　狗　　　　鵝

你還認識其他多於四隻腳的動物嗎？試把牠們畫出來。

答案：1. 蚊子　2. 兔子　3. 鵝

動物的分類（三）

● 下面每組都有一種不同種類的動物，試把牠圈出來，並說出原因。

1.

  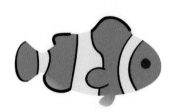

鯊魚　　　　鸚鵡　　　小丑魚

2.

鱷魚　　　　綿羊　　　　龜

3.

海星　　　　水母　　　獅子

4.

海馬　　　　奶牛　　　螃蟹

4. 奶牛（不是住在水裏）

參考答案：1. 鸚鵡（不是住在水裏）　　2. 綿羊（不是住在水裏）　　3. 獅子（不是住在水裏）

下面每組都有一種不同種類的動物，試把牠圈出來，並說出原因。

1.

 樹熊　　　 企鵝　　　 袋鼠

2.

 小雞　　　 蝴蝶　　　 甲蟲

3.

 豹　　　 長頸鹿　　　 老虎

4.

 魚　　　 樹熊　　　 鵝

參考答案：1. 企鵝（不是哺乳類）　　2. 小雞（不是昆蟲）　　3. 長頸鹿（不是肉食性動物）
4. 樹熊（不是哺乳類）／ 魚（不是生活陸地）

動物的影子（一）

你知道這是誰的影子嗎？請用線把影子和正確的動物連起來。

1.  ●   ● A.

2.  ●   ● B.

3.  ●   ● C.

你最喜歡什麼動物？牠的影子是怎樣的？試把牠的影子畫出來。

答案：1.A 2.C 3.B

28

動物的影子（二）

你知道這是誰的影子嗎？請用線把影子和正確的動物連起來。

1.  ●

A. ●

2.  ●

B. ●

3.  ●

C. ●

小朋友，你懂得用手模仿不同動物的影子嗎？試跟爸爸和媽媽一起做做看。

答案：1.C 2.A 3.B

29

小蝌蚪長大了

● 小蝌蚪和媽媽失散了。請畫出正確的路線，幫小蝌蚪找回媽媽。

小提示

小朋友，試說說小蝌蚪長大後的樣子，跟小時候的樣子有什麼不同。

解答：

30

毛毛蟲長大了

● 毛毛蟲要去找媽媽。請畫出正確的路線，幫毛毛蟲找回媽媽。

小提示

小朋友，試説説毛毛蟲長大後的樣子，跟小時候的樣子有什麼不同。

：案答

你知道哪些動物屬於十二生肖嗎？請把牠們圈出來。

老鼠　　蛇　　貓　　牛

蝴蝶　　雞　　狗　　羊

蝸牛　　老虎　　兔子　　豬

魚　　馬　　龍　　猴子

答案：老鼠、牛、老虎、兔子、龍、蛇、馬、羊、猴子、雞、狗、豬。